岭南文化十大名片

林雄 主编

THE TEN MAJOR NAME CARDS OF LINGNAN CULTURE

开平 碉楼

麦小麦 著

SPM
南方出版传媒

全国优秀出版社

全国百佳图书出版单位

广东教育出版社·广州

图书在版编目（CIP）数据

开平碉楼 / 麦小麦著. —广州：广东教育出版社，
2010.12（2018.11重印）

（岭南文化十大名片 / 林雄主编）

ISBN 978-7-5406-8068-8

Ⅰ.①开⋯　Ⅱ.①麦⋯　Ⅲ.①民居—简介—开平市
Ⅳ.①K928.79

中国版本图书馆CIP数据核字（2010）第237674号

责任编辑：李木子　王　亮　林玉洁　杨利强

责任技编：涂晓东

装帧设计：书窗设计工作室
　　　　　赵焜森 \ 钟　清

开平碉楼
KAIPING DIAOLOU

广 东 教 育 出 版 社 出 版 发 行
（广州市环市东路472号12-15楼）

邮政编码：510075

网址：http//www.gjs.cn

广东新华发行集团股份有限公司经销

广州市岭美彩印有限公司印刷

（广州市荔湾区花地大道南海南工商贸易区A栋）

889毫米×1194毫米　32开本　5印张　100 000字

2010年12月第1版　2018年11月第2次印刷

ISBN 978-7-5406-8068-8

定价：39.00元

质量监督电话：020-87613102　　邮箱：gjs-quality@gdpg.com.cn

购书咨询电话：020-87615809

岭南文化十大名片

编　委　会

序

林雄

　　文化之根基，在于脚下沃土；文化之硕果，在于阳光雨露。两千多年岭南文化，枝繁叶茂至于今，不外得益于两点：根深与吸收。

　　珠江流域位于五岭之南，但它与黄河流域、长江流域一样，同为中华文明发祥地。岭南一带依山傍海，河涌交错，古百越先民生于斯长于斯，从早期渔猎文明、农耕文明，到后来商贸文明，依水而生，因水而兴，无不烙上深深的本土印记，彰显岭南水文化旺盛之生命力。"一方水土养一方人"，粤菜、广东凉茶、骑楼等，得天独厚，彰显岭南人生活中特有之文化风韵。

　　百越之地与中原虽关山阻隔，但自秦以降，岭南文化与中原文化之交流，便从未间断，特别是唐梅关古道凿通之后，来自母体之文化养分，更是源源不断输入岭南，消化吸收，成为岭南本土文化重要的组成部分。如发源于本土之粤剧，其唱腔发展过程中，便吸纳了弋阳腔、昆腔、秦腔、汉剧等外来剧种精华，博采各家所长，自成一格。而韩愈贬潮，东坡谪惠，这些文人之难，却是岭南之福，他们推动了岭南文化与主流文化的融合，也让南北文化相得益彰。

岭南文化之开放与包容,不仅表现在对待同族同根之中原文化上,更表现在对舶来文化之高调"拿来"。自秦汉开通海上丝绸之路以来,岭南作为始发地及通商大港,千百年来独居中外文化交流之最佳平台。清政府对海关是开了又闭、闭了又开,反复无常,但广州却一直对外开放,即便是闭关政策最严之道光十一年(1831年),广州街道上洋商依旧熙熙攘攘。经济往来必定挟带文化交流,文化舶来品纷纷从岭南登陆引进,消化吸收之后,再影响全国。广式骑楼、开平碉楼,便是中西建筑艺术之完美结晶。惠能创立了南禅,其《六祖坛经》被誉为中国人的佛经,推进了佛教的中国化、民族化和世俗化。

广东毗邻港澳,历来是对外开放的窗口,近现代百年来成为时代的方向标,引领时代潮流,成为最重要的革命策源地。近代中国民主运动风起云涌,岭南人中之翘楚如康梁、孙中山等,执改良与革命之牛耳,推翻帝制,建立亚洲第一共和国,都得益于岭南人对世界先进文化快人一步之认同。进入20世纪,广东又一次领潮争先,成为改革开放先行地,不仅创造了一系列经济之奇迹,而且孕育了改革开放时代文化精神,广交会成为海上丝路的新的里程碑，既是中国对外开放的见证，又是商都文化的一个新标志。

历史进入了21世纪，文化在综合竞争力中的地位和作用越来越突出，文化已经成为民族凝聚力和创造力的源泉。省委十届七次全会，吹响了建设文化强省的号角，提高文化的创新力、辐射力、影响力和形象力，成为摆在我们面前的一项任务，评选岭南文化十大名片，正是提升广东文化形象之举。在这一重要历史契机下，整理、挖掘、打造岭南文化名片，就显得尤为紧迫。打造具有岭南特色的文化名片，是增强文化凝聚力的需要，是提升文化影响力的需要，是塑造文化形象力的需要，对于提升广东的文化自信和文化自觉，推动经济社会又好又快发展具有重要意义。

文化名片，是代表一个地方最具特色度、知晓度和美誉度的整体形象、领域形象、特色形象的标志。岭南文化名片所标示的文化形成，是千百年来人们集体智慧的结晶，是广东人民最深层次的精神追求和文化现象，更承载着广东文化的灵魂。"岭南文化十大名片"正是岭南文化精华的浓缩，彰显了岭南文化的独特魅力。经过广大网民、市

民和专家，历经10个月的票选角逐，终于决出了代表岭南文化的十大名片——粤菜、粤剧、广东音乐、骑楼、黄埔军校、端砚、开平碉楼、广交会、孙中山、六祖惠能。同时评出了十大提名名片——陈家祠、南越国遗址、南海1号、岭南画派、石湾陶艺、潮州工夫茶、客家围龙屋、广东凉茶、粤绣、康梁（康有为、梁启超）。这些都从不同侧面展示了岭南文化的源远流长和博大精深，是岭南文化的金字招牌，表现出了旺盛的文化张力，不仅将告诉世人广东厚实的文化家底和滋长的文化软实力，而且将烛照广东文化发展的未来，《岭南文化十大名片》丛书的出版，也适逢其时地为宣扬广东的文化影响力提供了良好的载体。

春风润南粤，文化展新姿。在文化强省建设的浩荡春风中，在盛世倡文兴化的时代大背景下，"岭南文化十大名片"的诞生，将进一步激发社会各界对文化建设工作的参与热情，不断掀起关注岭南文化的传承、发展、成长的社会热潮。

是为序。

Foreword

Lin Xiong

Culture roots lie in the underground of a fertile land while their fruits depend largely on availability of sufficient sunshine, rainfall and dew. As for Lingnan Culture with a long history of 2,000 years, its growth and prosperity results from two advantageous conditions: deep rooting and extensive absorption.

Located in Lingnan region, the Pearl River valley is one of the three major cradle lands for Chinese civilization in addition to the Yellow and Yangtze River valleys. The region is well known for local people's habitation by a stream in front and a hill at the back, the layout of crisscrossed rivers and streams, and the site of ancient Hundred Yue ethnic groups. So the culture of the region is of marked locality and extraordinary vitality with all the civilizations, fishing, farming and then trade, all exceptionally related to waters. As a popular Chinese saying goes, "The water and soil of a land nurtures the inhabitants", the Cantonese cuisine, the Cantonese herbal tea, the arcade buildings and other cultural elements in Lingnan region together showcase the distinctive attractions of local culture in life.

Despite being blocked by numerous high mountains, the cultural exchanges between the Hundred Yue ethnic people in Lingnan and the Chinese people in the Central Plain have never been discontinued from the Qin dynasty onwards. In particular, after the ancient Meiling pass was chiseled through to link up the Yellow and the Pearl Rivers during the Tang dynasty, Lingnan could continuously intake cultural nourishment from the Central Plain and develop it into its own. For instance, Cantonese opera includes in itself Yiyang, Kun, Qin and Han opera tunes. Some ancient Chinese scholars were once demoted to Guangdong, including Han Yu to Chaozhou and Su Shi to Huizhou; however, their adversity turned out to be good fortune for Lingnan since they promoted blending and interaction between Lingnan Culture and the mainstream from the north.

The opening and embracing of Lingnan Culture are reflected not only in its respect for the homologous Central Plain culture but also its readiness to accept external culture. From the Qin through the Han dynasties, when the Silk Road On Seas was accessible, Lingnan served as the starting place and trade port as well as the most desirable platform of Chinese—foreign cultural communication over the past one thousand years. The Qing imperial government irregularly and repeatedly opened and closed other customs, but Guangzhou remained open to the outside world and had foreign merchants bustling about even in 1831 when the government then practiced the most rigid custom—closing policy. As economic exchanges may also bring about cultural communication, foreign cultures landing in Guangzhou, were introduced into the city, digested and absorbed, and finally influenced the entire country, which can be exemplified by the optimum combination of Chinese and Western architectural art in the Guangzhou style Arcade Buildings and the Kaiping Diaolou Tower. Also, as a religious example, eminent monk Hui Neng founded the Zen sect of Buddhism and his preaching in *The 6th Founder's Sutra* is reputed as the scripture of Chinese Buddhism that has most fostered the localization, nationalization and secularization of Buddhism.

Adjacent to Hong Kong and Macao, Guangdong has been an open window for China's opening to the world. Over the past one century, the province grew to be a guiding landmark of the modern time, a leader of the trend as well as the most important revolutionary hotbed. Thanks to Lingnan people's recognition of the world advanced cultural elements, several modern Chinese revolutionary movements broke out there like a rising wind and scudding clouds and meanwhile local reformists and revolutionaries, including Kang Youwei, Liang Qichao and Sun Yat—sen, contributed to overthrowing the monarchy and establishing the republic. In the 20th century, Guangdong took the lead once again as the pioneer for reform and opening. It also created a series of economic miracles and cultivated a cultural and spiritual basis for its practice of reform and opening. The Canton Fair has become a new milestone for the Silk Road on Seas. It witnesses the outcome of reform and opening in China, and is a new landmark for commercial city culture.

As of the 21st century, culture plays an even more prominent role for national cohesion and as a source of creativity. After the 7th plenary session of the 10th CPC Guangdong Provincial Committee, it became clear that there is a pressing need for us to build Guangdong into a strong province of culture and improve its cultural creativity, radiation, influence, and reputation, for instance, through assessment and selection of 10 major name cards of Lingnan Culture. To take the historical opportunity and achieve the goal, however, we should sort out the literature concerned, tap any potential, and shape such name cards. It is now essential to make name cards of Lingnan characteristics for heightening cultural cohesion, expanding the influence, and molding the image. All these endeavors will be significant for upgrading Guangdong's cultural confidence and self awareness, thus promoting a sound and fast socioeconomic development.

A cultural name card is an indicator of the whole area—specific and characteristic images of a place in its distinctiveness, popularity and reputation. The name cards of Lingnan Culture may inform us of the formation of the regional culture, crystallization of local people's collective wisdom over the past one thousand years, their in−depth spiritual pursuit and promote understanding of culturally embedded phenomena. Therefore, the 10 major name cards of Lingnan Culture can be the condensed essence of local distinctive culture. Through a 10−month voting process among netizens, citizens and specialists, 10 major name cards have been selected as follows: Cantonese Cuisine, Cantonese Opera, Cantonese Music, Arcade Buildings, Huangpu Military Academy, Duan Ink−slab, Kaiping Diaolou Towers, Canton Fair, Dr. Sun Yat−sen, and Hui Neng, the 6th Founder of Zen Buddhism. At the same time, 10 more major name cards were nominated: The Chen's Ancestral Temple, the sites of Nanyue Kingdom, No.1 South China Sea Ship, Lingnan School of Traditional Chinese Painting, Shiwan Pottery, Teochew Style Tea Brewing, Hakka Enclosure House, Cantonese Herbal Tea, Cantonese Embroidery, and Statesmen and Reformers Kang Youwei and Liang Qichao. From different perspectives, all these showcase the time−honored and profound Lingnan Culture. As the golden brands of local culture, they also display to the world a vigorous cultural tension, cultural strength, increasing cultural soft power, and the bright expectation for development of the culture. In such a context, publication of the series The 10 Major Name Cards of Lingnan Culture, offers a timely and appropriate medium to publicize the Cantonese culture.

With the moisture of the spring breezes, Guangdong enjoys a fresh development of culture in South China. In the context of cultural flourishing, when the province is building itself into a great province of culture, 10 major name cards of Lingnan Culture have been selected to arouse further the participatory enthusiasm of all walks of life in cultural construction and for involving their concern about inheritance, development and growth of local culture.

Hereby I've written up foreword above.

《粤菜》

《粤剧》

《广东音乐》

《骑楼》

《黄埔军校》

《端砚》

《开平碉楼》

《广交会》

《孙中山》

《六祖惠能》

《相约岭南（提名名片）》

The Diaolou Towers in Kaiping county of the province combine Chinese and Western architectural styles and integrate as a whole their functions for both guarding and living. The rural Diaolou Towers of Kaiping, China also distinguish themselves in large-scale distribution throughout Lingnan region, varied styles, as historical witnesses of the blood and tears of local Chinese and overseas Chinese, and addition of one more chapter to the history of Chinese architecture with prominent rural characteristics.

开平

碉楼

KAIPING DIAOLOU TOWERS

● 入选理由

中西合璧，土洋交汇，集防卫、居住于一体，融世界建筑艺术于一炉。开平碉楼这一中国乡土建筑中的另类，以卓尔不群的态势，鹤立岭南大地，规模庞大，风格各异，见证了几百年海外华侨、华人血泪史，也为中国建筑艺术史增添了乡土风味浓烈的一章。

目 录
CONTENTS

1 / 高速时代的慢风景
SLOW SLIDES OF LANDSCAPES IN FAST-PACED TIME

9 / 碉楼的沧桑背影
ORIGINS AND VICISSITUDES OF THE DIAOLOU TOWERS

21 / 返来买房又买田
OVERSEAS CHINESE RETURN FOR HOUSES AND FIELDS

31 / 形形色色的碉楼
VARIOUS DIAOLOU TOWERS

39 / 平凡乡间的浓墨重彩
RURAL LANDMARKS

47 / 那些动人的细节
TOUCHING DETAILS

63 / 独一无二的历史遗存
HISTORICAL RELICS INEXISTENT ELSEWHERE

75 / 品味开平碉楼的精华
APPRECIATING THE DIAOLOU TOWERS IN KAIPING

137 / 碉楼之美，人文之美
THE CULTURAL ATTRACTION OF THE DIAOLOU TOWERS

Let's open the thick *Records of Kaiping County* for historical review of local Diaolou Towers.

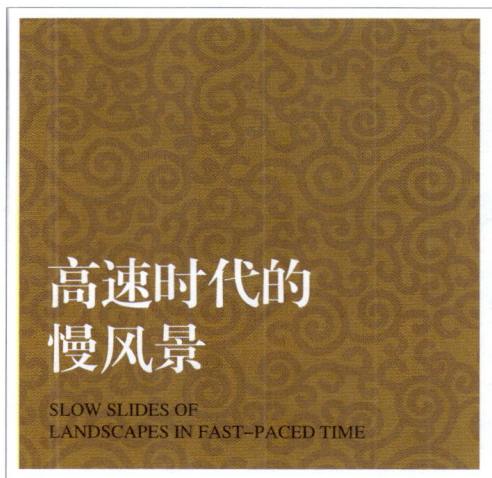

高速时代的
慢风景

SLOW SLIDES OF
LANDSCAPES IN FAST-PACED TIME

让我们翻开厚厚的《开平县史》，轻轻抹去历史的灰尘，来读一读这些名叫"开平碉楼"的小楼的前世今生。

　　从广州向南，上佛开高速转开阳高速，满眼蓝天白云、青葱绿意，人们的视线常常会被一种奇怪的建筑撞来撞去，那是阡陌纵横间一座座古意盎然的小楼，它们没有任何前奏地拔地而起，深灰色的墙体显然已被时间与风雨反复打磨，有的尖顶如微缩版哥特教堂，有的圆顶拱门如罗马式建筑，有的廊柱繁复有小型希腊神庙之风，浓浓的西洋风格建筑简直使人怀疑自己置身异域。可这里分明是开平乡间啊！如果不懂得开平侨乡的历史，不知道百年前那些辛酸与喜悦，真会怀疑这些奇异的小楼是自己漂洋过海，从山长水远的欧洲来到这里。

　　让我们翻开厚厚的开平县史，轻轻抹去历史的灰尘，来读一读这些名叫"开平碉楼"的小楼的前世今生。

　　这些小楼，错落分布在整个广东省开平

市境内，据统计，现存1883座，而在鼎盛时期有3000多座。它们以其独一无二的特性开创了中国乡土建筑的一个类型——碉楼，在恩平、新会等地也偶有散落，以开平地区最为集中，数量庞大，是为"开平碉楼"。

开平碉楼是一种集防卫、居住和中西建筑艺术于一体的多层塔楼式建筑，最迟在16世纪，也就是明代后期便已在开平乡间出现。到了清代后期，开平侨乡与欧美联系更加紧密，碉楼这种特殊建筑也发展到了高峰。它是中国华工史、华侨史和当时的社会、自然状况结合的产物，独具特色。

碉楼的楼身挺拔，占地面积通常不大，多为四五层，其中标准层二至三层。墙体有钢筋混凝土，也有青砖结构，门、窗皆为较厚钢铁所造。建筑材料除青砖是当地所产，铁条、铁板、水泥等大多从外国进口。碉楼的上部结构有圆顶、尖顶、亭台式、四面悬挑、四角悬挑等等。建筑风格上带有很多西

· 号称
"开平第一
楼"的锦江瑞
石楼

洋特色，有柱廊式、平台式、城堡式的，也有混合式的。为了防御土匪劫掠，碉楼一般都设有枪眼，先是配置鹅卵石、碱水、水枪等工具，后又有华侨从外国购回枪械，还有人安装大型探照灯。

开平碉楼既有单门独户，也有大规模的楼群存在，风格十分庞杂，有典型的古希腊、古罗马和伊斯兰教等西方建筑特点，融哥特式、洛可可式、巴洛克式等风格于一

· 碉楼与居民相安无事

体，又带上强烈的中国传统建筑特色，可谓中西合璧、土洋结合、随心所欲、无拘无束，为开平带来一种独特的社会人文景观。

2001年6月25日，开平碉楼作为近现代重要史迹及代表性建筑，被国务院批准列入第五批全国重点文物保护单位名单。

2004年5月，国家文物局批准开平碉楼与村落列入中国世界文化遗产预备名单。

2006年9月，开平碉楼迎来了联合国国际遗址理事会的考察与评估。

2007年8月，"开平碉楼与村落"项目被联合国教科文组织第三十一届世界遗产大会批准加入"世界文化遗产名录"，成为中国第35个世界遗产，广东省第一处世界文化遗产。

To meet the ultimate demand of the most essential functions in old days, mainly for guarding against thieves and floods in the hilly areas, strong Diaolou Towers were built there in the shape of turrets.

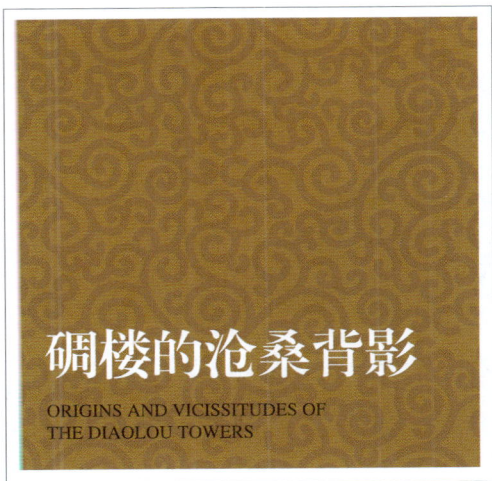

碉楼的沧桑背影

ORIGINS AND VICISSITUDES OF
THE DIAOLOU TOWERS

　　坚固如碉堡，形状如炮楼，击得退
口贼，挡得住洪水，这便是碉楼最原始
的功能需求。而碉楼的各种特点，无不
符合防贼与防洪这两个终极需要。

开平地处新会、台山、恩平、新兴四县之间，从明朝以来，逐渐成为四县政府都不理睬的"四不管"地区，土匪作恶，社会治安十分混乱，人们不得不坚壁清野，把自己的家园建得越来越坚固，家中藏起枪支弹药以自救，而这种关起门窗便如保险箱的碉楼，就是那个年代所能想象的最坚固建筑了。

另外，开平临近海边，河网密布，地势崎岖，每逢台风时节，暴雨一来，必发洪涝灾害，传统的平房年年被淹，有钱人家的小楼不得不层层往上，越建越高。

坚固如碉堡，形状如炮楼，击得退山贼，挡得住洪水，这便是碉楼最原始的功能需求。而碉楼的各和特点，无不符合防贼与防洪这两个终极需要。

比如，碉楼的墙体异常厚实，最厚的迎龙楼墙体居然达93厘米，这是为了挡住土匪的子弹和洪水浸泡而特别设计的。

比如，再大的碉楼通常都只有一个不大的门通向外面，门以厚厚的钢板制成，每层都有窗户，但面积很小，都有粗粗的铁栏杆，还有厚厚的铁窗门，一旦把窗关上，采光和通风都会变得很差，这是为了防止外面打来的黑枪而设计的。为了解决采光和通风，各个楼层间便开了一些气窗。

又比如，碉楼里通常每层楼都有厨房，

这固然是因为顺应当地"灶头多儿女多"的好兆头，也因为碉楼供整个家庭居住，兄弟们分灶不分家，每家一个厨房方便生活。但更重要的是，一旦洪水来袭，人们一层一层往上撤退，到了每层楼都一样可以生火做饭，不耽误吃饭过日子。

官府"四不管"，却在民间产生了碉楼这种奇异的建筑品类。先人的苦恼与无奈，却留下珍贵的文化瑰宝供后人欣赏与感叹，历史的况味真是无以言说。

如果仅仅有山匪与洪水，乡间的人们也许会造出高耸结实的小楼，却不可能带上哥特式的尖顶和巴洛克式的圆顶，这种中西合璧的风格究竟是从哪里来的呢？这就不得不把目光转向侨乡近代史上一群特殊的人物，俗称"金山伯"的留洋客。

有首广东童谣是这样唱的：

> 喜鹊喜，贺新年，
>
> 阿爸金山去赚钱，

· 天赐鸿禧

赚得金银千万两，

返来买房又买田。

　　这里的"阿爸"，便是那些到海外谋生挣钱的"金山伯"。人们把北美叫做"金山"，因为那里发现了金矿，同时也是认为那里金银成山，容易赚钱。衣锦还乡的"金山伯"确实有大量金钱买田买地、盖楼建房。不过，出去的人中只有很少一部分能平安回来。而那些魂断异乡的人，却再也见不到故乡和亲人了。

　　19世纪中叶，中国乡间形势动荡，民不聊生，此时正值美国西部大开发。1862年，美国国会通过《太平洋铁路法案》，开始修建横贯美洲大陆的铁路。1881年，加拿大政府为完成国家统一，也决定修建连接东西的太平洋铁路。因急需大批劳工，他们便把目光投向了大洋彼岸的中国。

　　1865年，美国政府通过《鼓励外来移民法》，确立了同中国之间的海邮汽船服务事

· 泮文楼：当年的老家具

· 毓培别墅里的装饰

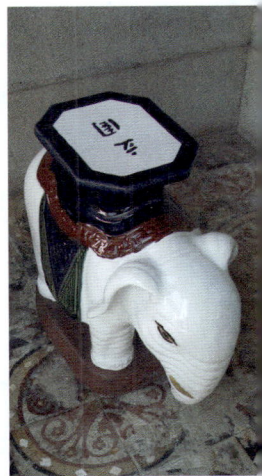
· 门口的舶来装饰物

宜。1868年7月，前美国驻华公使蒲安臣越权与美国国务卿W.H.西华德签订《中美续增条约》(即《蒲安臣条约》)，其中，"两国人民可随时自由往来、游历、贸易或久居"的规定，为美国在中国扩大招募华工提供了合法根据。这一条约通过后，前往美国的华侨人数激增。1869年太平洋铁路完工时，中国劳工占到全部劳工的90%，约9000人。而这期间前往美国的华侨总数有近10万人之多。另有17 500名广东华工背井离乡，到加拿大参建铁路。

外国公司到中国沿海地区寻找劳工时，要求愿意去的人签署条件苛刻的契约，一旦签下不得反悔。如同卖身契一样，签了这份契约，自由人变成身不由己的"猪仔"，因此这种契约也被称为"猪仔纸"。

"猪仔纸"条件虽然严苛，可是在吃不饱饭的开平乡下却是抢手的东西，穷人们甚至变卖家产求得一纸。他们在家反正也是饿

死、淹死、被山贼打死，不如到外面闯一闯，赌上一铺（把），说不定在"金山"那种遍地黄金的地方不小心捡到一块呢？——这便是走投无路的穷人的想法。

签下"猪仔纸"的中国农民，便可以跟着大队同乡上路了，他们坐上一种被当地称为"牛鼓桶"又叫"大眼鸡"的简陋木船，这本是用来在沿海打鱼用的船，此时却要用来穿越浩瀚太平洋，资本家为了节约成本，而劳工们又急于去到金山，再危险也顾不上了。一上船，"猪仔"们便被关到底舱，饮水与食物极其有限，卫生条件极差，根本不适合人类生存。

吴玉成所著的《广东华侨史话》里有这

·远望碉楼

样一段描述：

　　那时从香港乘船到旧金山，要一个多月。这样长时间的折磨，往往一百个人当中，竟死去三四十个人。有一次船到旧金山港口，船员打开舱盖，突然一股臭气从船舱底直冲上来，七八个满面污血的华工，横七竖八地躺着，尸体已经腐烂。幸存的"猪仔"在到达目的地的时候，轻者生疮生癞，重者奄奄一息。

　　幸存的华人到了美洲，开金矿、修铁路、垦荒种地，当地人不愿干的重活累活全由他们来干，却拿着微薄的报酬，过着猪狗不如的生活，还饱受当地人的歧视。一批又一批人累死、病死或被折磨至死，能够历经

·位于砚岗东胜里的东胜楼

艰辛回到国内的，只有百分之一二。

全长4800公里的太平洋铁路，在北美近代史上有着十分重要的作用，极大地促进了北美经济发展，可以说，没有这条铁路就没有今天的美国和加拿大，而这条重要的铁路几乎全是由华工修建而成。它穿山越岭，路经沙漠、雪山，修建铁路的华人衣不蔽体、食不果腹、工具简陋。加上华人的文化习俗与当地白人不同，在种族歧视大行其道的嫉妒与敌视交织下，西部一带频传白人集体凌辱、打劫和屠戮华工的血腥事件。1871年10月24日，洛杉矶数百名白人暴民在洛城尼格罗巷一带杀死19名华人，六年后，同一地区的华人住宅全被纵火烧毁。累死病死的人就地埋

在附近。有句话这样总结这条铁路的修建史"每根枕木下都有一具华工的尸骨"，其间辛酸不足为外人道。

加拿大首任总理麦克唐纳（Sir John ）曾经说过："没有中国工人，就没有这条铁路。"

金山伯的北美之行，是真正的炼狱之路，走出来，便浴火重生；而大多数没有走出来的，就再也看不到故乡的月亮了。

Eye-catching Diaolou Towers could be a mark of wealth. So, for thieves or robbers, sight of a nice-looking house also indicated finding a wealthy household.

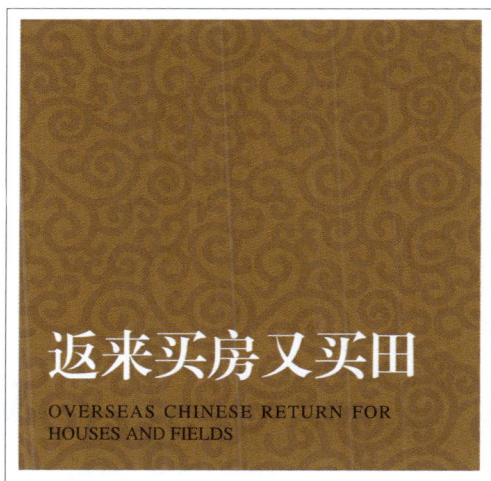

返来买房又买田

OVERSEAS CHINESE RETURN FOR
HOUSES AND FIELDS

惹眼的碉楼就像一条村的财富标志，盗匪们只要找到一幢漂亮的居楼，基本上就是找到一户有钱人家。

　　20世纪初，曾为美洲经济发展作出巨大贡献的华人，却遭到美国、加拿大等国排华政策的挤压，这促使本来就有浓重家乡观念的他们进一步将传宗接代的愿望寄托在遥远的乡下，挣钱、回乡、娶妻、买田、盖房，成了他们的人生终极梦想。

　　能够风光回乡的只是金山伯中的百分之一二，他们走出炼狱，揣着家人的殷殷期望

·锦江瑞石楼上精美的廊柱

· 远望桧庐

终于回到家乡。让他们日思夜想的家乡啊，一别经年，无论是他们看家乡的眼光，还是家乡看他们的眼光都不同了。泪眼相认过后，他们马上着手自己的"买房又买田"计划，用辛酸血汗为代价换来的财富终于为家人带来了些许幸福。

可是这些"侨汇"同时又带来另一个问题：山贼们闻着钱的腥气赶来了，有童谣说"一个脚印三个贼"，就是说一个金山伯回乡，就会引来三个山贼。钱，又给乡里带来了新的不安定因素。可怜辛苦半辈子攒下的钱，死里逃生带了回来，好不容易买好地、建好屋，新生活刚要开始，却又成了土匪与

官府眼中的肥肉。

惹眼的碉楼就像一条村的财富标志，尤其是独门独户的居楼，盗匪们只要找到一幢漂亮的居楼，基本上就是找到了一户有钱人家，抢劫财物甚至绑架勒索都可以由着性子来。据《开平县文物志》中记载："从民国元年（1912）到民国二十九年（1940），较大的匪劫事件约71宗，杀人百余，掳耕畜占210余头，掠夺财物无数，曾三次攻陷县城——苍城。连当时的县长朱建章也被掳去。"碉楼最集中的塘口镇，华侨最多，有钱人最多，加上毗邻新兴、恩平等盛产山贼的山区县份，更是招惹明夺暗抢。

如此猖獗的盗匪，又没有官府治理，人们只好想方设法自保。自从更楼诞生，各村各户轮流站岗放哨，一旦发现山贼来袭，立即敲打铜锣发出"走贼"信号，人们纷纷躲进众楼避贼。可是这些土匪已经具有相当精良的武器装备和作战能力，连官府都不放在

· 楼门前的石狮子

眼里，那些碉楼里的老少居民想要凭着一座结实的楼和几支粗糙的枪来自保，也就变成了一件十分困难的事。

骑龙马村是开平县塘口镇的一个村落，为防备匪徒，附近几个村的方氏家族共同集资，在骑龙马村兴建了一座更楼，这就是著名的"方氏灯楼"，原名"古溪楼"，以方氏家族聚居地和流经楼旁的小河命名。这座更楼高五层，钢筋混凝土结构，三层以下为放哨的人吃住的地方，第四层是挑台敞廊设计，便于站岗放哨，第五层则是西洋式穹隆顶的亭阁，十分美观。灯楼四周视野开阔，楼里有西方买来的发电机、探照灯、枪支弹药等，便于报警放哨。可是即使有了这样专门为防盗而建的设施良好的碉楼，骑龙马村还是没有逃过一场大劫。

1928年6月，一股盗匪闯入骑龙马村，杀死十多名村民，其中有位华侨方富铭，其母亲杨氏、儿子振光和怀孕的儿媳被埋火坑，造成三尸四命，惨绝人寰，另外还打伤数人，掳走二十多人，并放火烧毁一些碉楼

· 自立村茂兰楼上的尖顶

和其他房屋，这就是开平有名的"火烧骑龙马"事件。关于这一事件，1933年编的《开平县志》上有记载："民国十七年（1928年）六月，匪劫古宅骑龙马方姓，掳男妇二十余人，毙十余人，焚屋二十三间。"

碉楼只是一座建筑，再结实也挡不住人祸。这桩奇异的劫匪事件成了碉楼历史上的

一个一碰就痛的伤口，只靠碉楼，是不能真正保护妇孺的，张扬的碉楼甚至还会成为官府勒索华侨的线索。国民党政府曾经开征"碉楼税"，美其名曰是为保护碉楼而设，其实只不过是一个明目张胆向华侨和侨眷进行搜刮的政策。

· 赤坎欧陆风情街，现在是热闹的商业街

The existent 1,833 Diaolou Towers can be classified into three varieties (collective, private, and sentry-purposed) and into four varieties (stone, rammed earth, brick, and concrete) respectively according to their functions and their use of building materials.

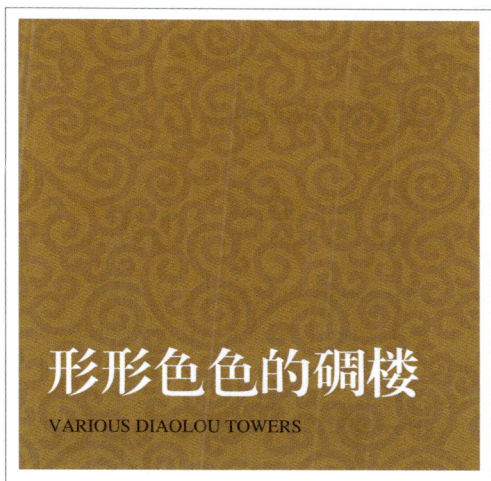

形形色色的碉楼

VARIOUS DIAOLOU TOWERS

开平现存的1833座碉楼，按功能可以分为众楼、居楼和更楼，按建筑材料的不同，又可分为石楼、夯土楼、砖楼和混凝土楼。

开平现存的1833座碉楼，可以分为几种类型。

按碉楼的功能可以分为三种：众楼、居楼和更楼，其中以住家用的居楼最多。

众楼　众楼指的是建在村后，由全村人家或若干户人家集资共同兴建的碉楼，每户分得一间房子，用来临时躲避土匪或洪水时使用。因为是集体所有，最强调避匪与避水的特性，众楼的格局相对封闭，造型也比较简单，很少有外部装饰。在各类碉楼中，众楼出现最早，现在还有473座，约占开平碉楼的26%。有名的迎龙楼就是这样一座众楼。

居楼　居楼大多也建在村后，是富有人家独资建造的，既能避匪避水，也能提供日常居住。居楼大多结构合理，楼体高大，空间开敞，生活设施十分完善，能提供各类生活需求。因为是主人独资建造，最能体现主人的审美倾向，所以居楼造型大胆，形式多样，极富装饰感，又因为它比村中其他房屋要高出许多，常常成为一个村落的标志性建筑，从村外大老远就能看到。

　　居楼数量在碉楼中是最多的，现存1149座，约占开平碉楼的62%。开平碉楼中许多

· 毓培别墅的厨房，锅灶齐全

具有代表性的楼如铭石楼、瑞石楼等都是居楼。

更楼 更楼通常建在村口或村外山冈、河岸，高耸挺立，视野开阔，还配有探照灯和报警器，便于提前发现匪情，向各村预警，其实更楼就是一座瞭望塔，可以为附近几个村落共同联防之用。更楼出现的时间最晚，现存221座，约占开平碉楼的12%。美丽的方氏灯楼就是典型的更楼。

而按建筑材料的不同，碉楼又可分为石楼、夯土楼、砖楼和混凝土楼，以混凝土楼为最多。

石楼 石楼主要分布在低山丘陵地区，

在当地又称为"垒石楼"。墙体有的由加工规则的石材砌筑而成，有的则是把天然石块自由垒放，石块之间填土粘接。目前开平现存石楼10座，占碉楼总数的0.5%。

夯土楼　夯土楼分布在丘陵地带，以赤水镇、龙胜镇为多。当地多将此种碉楼称为"泥楼"或"黄泥楼"。虽经几十年风雨侵蚀，仍十分坚固。现存100座，占碉楼总数的5.5%。

砖楼　砖楼主要分布在丘陵和平原地区，所用的砖有三种：一是明朝土法烧制的红砖，二是清朝和民

·泮文楼里美丽的拼花地板和今天仍然结实的老家具

· 水中风情街

国时期当地烧制的青砖，三是近代的红砖。用早期土法烧制的红砖砌筑的碉楼，目前开平已很少见，迎龙楼早期所建部分，是极其珍贵的遗存。青砖碉楼包括内泥外青砖、内水泥外青砖和青砖砌筑三种。少部分碉楼用近代的红砖建造，在红砖外面抹一层水泥。目前开平现存砖楼近249座，占碉楼总数的13.6%。

混凝土楼　混凝土楼主要分布在平原丘陵地区，又称"石屎楼"或"石米楼"，多建于20世纪二三十年代，是华侨吸取世界各国建筑不同特点设计建造的，造型最能体现中西合璧的建筑特色。整座碉楼使用水泥（当时称为"红毛泥"）、沙、石子和钢材建成，极为坚固耐用。由于当时的建筑材料靠国外进口，造价较高，为节省材料，有的碉楼内面的楼层用木头搭成。目前开平现存混凝土楼1474座，在开平碉楼中数量最多，占80.4%。

Like a mole on a face to beautify an ordinary-looking woman, such a Diaolou Tower in an ordinary village may also make it impressive at first sight.

平凡乡间的
浓墨重彩

RURAL LANDMARKS

一条村落有了一座美丽的碉楼，就像美人唇间的痣一点，普通姿色立马变得活色生香，让人过目不忘。

　　若没有碉楼，开平就像千百处中国山区一样平淡无奇，虽然山清水秀，却也乏善可陈。而有了这些百年前的碉楼，一切就不同了。一条村落有了一座美丽的碉楼，就像美人唇间的痣一点，普通姿色立马变得活色生香，让人过目不忘。

　　开平碉楼最大的特色就是中西合璧、亦中亦西。有人觉得这些建筑不伦不类，只不过生搬硬套一些西洋建筑的皮毛，完全没有

· 名不见经传的广森楼，是开平一千多座碉楼中的一座

创意，算不得艺术。这种说法可谓大谬。就算到了今天，在那平凡乡间猛然见到这些奇异的建筑，你仍然不能不承认它们的存在是美的，是为眼前景观加分的。一种经历了百年的美，积淀着历史与人文的精华，我们认为，它就是艺术。

一百多年前，那些辛苦半辈子的金山伯历经千辛万苦，终于回到日思夜想的家乡，第一件事就是开始建屋，既是光宗耀祖，也是为了给家人一个更舒适更安全的生活环境。多年的海外经历让他们看世界的眼光发生了巨大变化，他们见过大世面，他们头脑中存在着两类截然不同的房子，一类是祖祖辈辈居住的大屋，中规中矩，不温不火；另一类是他们在异乡土地上看到的各式各样的西式建筑，那些尖顶、拱门、廊柱、圆顶，已经像烙印一样深深扎根在他们的脑海里，这些美丽的记忆，承载了他们最美的年华，记录了他们半生辛酸与艰辛，他们无法从生命中将这些遥远的印象完全割舍。

　　一旦有能力造一座属于自己的房子，有了百分百的话事权，他们想要的屋子，除了必要的防盗防水一类的功能之外，他们还希望有更多的美丽元素，让家中没有留过洋的妻儿老小也看一看外面的世界到底是什么样子。他们没有设计图，他们只用一双手、一对眼，便把那些西洋建筑中的一鳞半爪融会贯通到传统的四方屋子里，他们闭上眼，从记忆中寻找灵感，他们甚至可以把一张西洋画片当成未来家园的设计图纸，这些修过铁

· 洋文楼的锅碗瓢盆还保存完整

·泮文楼

· 立园里的"鸟巢"二字，难住了很多游人

路、建过泥瓦房的金山伯，个个都是充满灵气的业余建筑设计师。

越是有钱的人，越是喜欢用舶来的西洋货色装点自己的家，他们用"红毛泥"筑墙，用西洋瓷砖、浴缸和抽水马桶，用西洋油画来装饰涂了白灰的墙，用一袋袋的钱，换来一船船的西洋货，建起他们开平乡间的小洋楼。华侨富商谢维立所修建的"立园"，便是这样一个全用西洋货建起的楼群，可惜用十年时间建成的超豪华家园，却因为日本鬼子的入侵而放弃，只为我们留下一个建筑史上的奇观。

　　在中国这片土地上，近代留下的具有西洋特色的建筑，大都是洋人用坚船利炮征服国人后强行建造的，带有西方殖民者硬性移植的色彩。而开平碉楼，却是华侨吸收了外国西方文化后，以一种开放、包容的自信态度主动引进的，他们把自己的旅途所见融入自身的审美世界，不同的见闻，不同的审美观，造成了精彩纷呈的碉楼造型。碉楼的成群出现，也体现了侨乡那种开放的文化态度，走出去、引进来，到今天仍然是一种值得借鉴的文化观照方法。

·泮文楼墙上的老照片

When you walk up to any of the Diaolou Towers, even one not listed in a general guidebook, you will be touched by all the details of its time-honored changes in history.

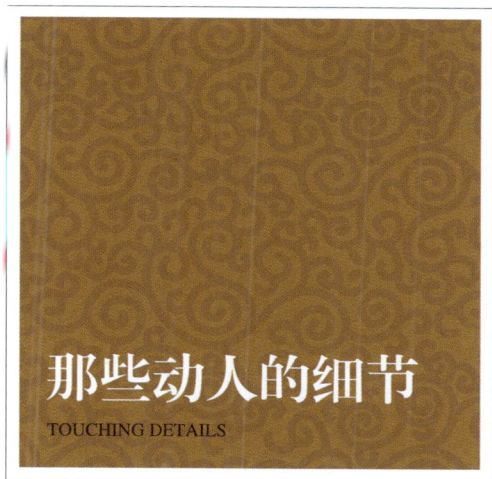

那些动人的细节
TOUCHING DETAILS

走近任何一座碉楼，哪怕是一座所有导游手册上都找不到名字的碉楼，你都会被那些写满岁月沧桑的细节所打动。

走近一座碉楼，哪怕是一座没有列入世界遗产申报点的、在所有导游手册和书上都找不到名字的碉楼，你也会被那些写满岁月沧桑的细节所打动。

碉楼的门通常都是用厚重的进口钢板制成，因为这结实的大门，土匪或日本鬼子久攻不下的例子很多。有的门外还有铁栏栅，栏栅上三道锁，分别叫天锁、地锁和中锁。推开锈迹斑斑的钢门，古老的门轴会发出那种悠长刺耳的"吱呀"声，恍若推开时光的大门。

碉楼的墙体因建筑材料的不同而不同，但有个共同的特点就是特别厚重。曾经走进一座叫做广照楼的碉楼，虽然门口有政府立下的铭牌，却没有经过修缮，只有一位村人

·精美的飞檐

替主人看守着。

　　这是一座混凝土碉楼，墙面没有扇灰，是直接刷的水泥，但它的刷法却和今天很不一样，不是仔细的、均匀的，而是像一个完全外行的人用一把竹扫帚随意扫上去的，这么多年过去了，刷子粗糙的纹路仍然清晰可见，看着这生动的纹路，当时修建的情景跃然而出：一位带上了西洋审美观的主人、一帮乡间工匠、一堆千里迢迢运回来的红毛泥，主人指着、说着，工匠们便跟着、做

着，光听过没见过，你不能指望他什么都按要求做得那么精美，主人也许叹了口气，也许自己也动了手，也许，他也没有觉得这粗糙有何不妥，就这样，固定在墙上的痕迹，再现了当时的场景。

而另一座碉楼则有着极均匀的扇灰，和今天我们看到的墙面相差无几，估计这家的主人请了更好的工匠，或者有着更严格的要求，或者，有更多的钱。比起同时代那些随处可见的青砖大瓦房来，这样的小楼该是多么惊世骇俗。

许多小楼铺着彩色地砖，红白交错，或是红棕绿搭配，就像20世纪30年代的上海洋房。洗手间里有白色的抽水马桶、大浴缸，客厅里有巨大的壁炉，这些都是欧美舶来品，也只有真正发了财的金山伯家才置办得起。

房间里通常有少则一个，多

· 毓培别墅里二太太的肖像

·毓培别墅墙上中国风格的挂画

则五六个箱子，大的是木的，小的是皮的、藤条的，那种放在墙角最大最惹眼的被称作"金山箱"。有一首童谣这样唱道："金山客，南洋伯，没有一千有八百；金山客，金山少，满屋金银绫罗绸。"

金山箱，便是金山伯用来装那些海外血汗钱换来的金银财宝和洋玩意儿的大箱子。金山箱通常用优质木头制造，上下四角包镶厚铁皮，前后有粗铁环，浑身钉上闪闪发光的铆钉，是典型的外国货。"金山箱"这个

特殊的名称，就像"金山伯"一样记录了一段特殊的历史。

有些富有人家的碉楼极尽豪华之能事，比如最有名的立园，是富商谢维立所建，整个园内所有建材和家具物品都来自海外，水磨石的楼梯扶手上白色的亮片，竟然是贝壳所制，一到夜晚会反射月光而闪闪发亮，宛若夜明珠。

作为防御土匪而建造的碉楼，不论用什么材料建成，都有一个最突出的特点，那就是在碉楼的上部建有"燕子窝"。燕子窝，是开平民众对碉楼上的防御性岗亭的称呼，尽管它的造型不尽相同，但目的只有一个：打击土匪，保护自己。走进燕子窝，人们会发现它的四面墙壁和地面上，都开设了各式各样的射击孔。

一旦土匪来临，碉楼里的人就可以居高临下，运用燕子窝不同朝向的射击孔所形成的交叉火力，攻击前来抢掠的匪徒。

　　除了燕子窝之外，有的碉楼上部各层的墙壁上，也开有射击孔，这样就增加了楼内的反击点。

　　开平碉楼的另一个共同现象，就是它的窗户要比其他民居的小得多。窗户内还装有铁栅栏和窗扇，外部有钢板做的窗门。一旦关上窗户和大门，碉楼就成了封闭的"保险柜"，即使枪炮也无法穿透。在碉楼史上无数的战斗中早已证明了这一点。

・毓培别墅一角堆放着业已破旧的皮箱

·毓培别墅一角，留声
机和月琴，一中一西的摆设

开平碉楼一直履行着防盗防洪的重任，到了抗日战争时期，更在阻挡日本侵略者的战斗中起到过重要作用。

抗日战争后期，日军想要开辟一条经由新会、江门与广州再撤退的捷径，开平正是这条路线上的必经之路。曾经抗击过山贼土匪的碉楼，在保家卫国的时候总是会起到十分重要的作用。碉楼里的战斗，也给了日本鬼子重重一击。

开平赤坎镇腾蛟村有一座名叫南楼的碉

楼，建于1912年，南临潭江，北靠东龙公路，位于水陆交通要冲，地势十分险要，南楼共7层，高19米，占地面积29平方米，钢筋混凝土结构，每层设有长方形枪眼，第6层设有望台，还设有机枪和探照灯。抗战时期，司徒

氏四乡自卫队队部就设在这里。

1945年7月16日，日寇从三埠分兵三路直扑赤坎，国民党军队早已撤退，司徒氏四乡自卫队的乡勇们以南楼为据点，奋力抗击日军，南楼成了日军啃不下的一块硬骨头。

第二天，赤坎沦陷，日军趁着夜色包围了南楼，由于敌我力量太过悬殊，又没有援军到来，自卫队部分队员突围出去，留下司徒煦、司徒旋、司徒遇、司徒昌、司徒耀、司徒浓、司徒炳等七名队员坚守南楼，战斗坚持了七天七夜，在弹尽粮绝的情况下，七勇士砸毁枪支，在墙上写下遗言："誓与南楼共存亡"。

日军久攻不下，调来迫击炮轰炸南楼，但南楼实在是太坚固，居然挡得住大炮的威力。最后，日军对南楼使用毒气弹，七位壮士昏倒后被捕。在日军大本营——被占领的司徒氏图书馆，也就是他们司徒氏自己的地方，他们受尽酷刑后惨遭杀害，残暴的日军还把他们的遗体斩成几段抛入江中以泄愤。

抗战胜利后，开平乡亲在赤坎镇召开追悼大会，开平、恩平、台山、新会四邑三万多人参加了大会，深切哀悼为保护家园而壮烈牺牲的司徒后代。

岭南文化十大名片

　　在不同的历史时期，开平碉楼都对革命活动起过积极作用。1924年，经过共产党员关仲的长期工作，开平第一个农民协会——百合虾边农民协会宣告成立，关以文被选为农会会长，他经常在自家的碉楼"适楼"与委员们研究农会事务，开展各项活动。

　　1939年8月18日，中共开平特别支部在塘口区以敬乡庆民里的碉楼"中山楼"宣告成立。会上，确定以抗日救亡为中心，领导开

平人民开展抗日救亡运动，使开平革命斗争进入新的阶段。

"中山楼"兴建于1912年，为纪念孙中山而得名。在抗日战争时期，"中山楼"一度是开平中共党组织的重要活动中心，中共开平特别支部、区工委、县委和中共四邑工委、广东省西南特委等领导机关均在"中山楼"设立，各种革命活动的研究、布置，都在这座碉楼里进行。因此，这座碉楼成为当时抗日救亡运动的指挥中心，在开平抗日救亡运动中，发挥了很大的作用。基于上述种种原因，开平人民，特别是华侨、港澳同胞以及他们的家属，对碉楼都有着一种特殊的感情。

　　在蚬冈镇，至今还树立着一座小小的革命烈士纪念碑，以纪念在历次战斗中牺牲的人们。即使不是什么特殊日子，碑前都有一束小小的花，可见这里的人们时常自发前来献花，缅怀革命烈士。

The Diaolou Towers remain a striking name card for Kaiping county, as the "home of overseas Chinese" and the "home of architecture".

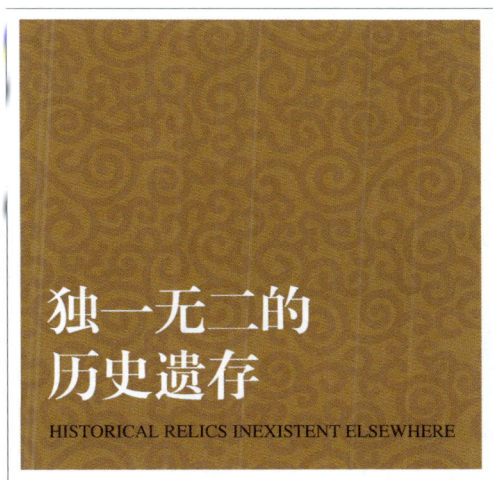

独一无二的
历史遗存

HISTORICAL RELICS INEXISTENT ELSEWHERE

无论作为"华侨之乡"还是"建筑之乡"，碉楼都是开平一张醒目的名片。

为什么仅有百余年历史的开平碉楼，能成为2007年我国唯一申报世界遗产的项目？又为什么能在众多的候选项目中脱颖而出？开平碉楼与村落的申遗首席专家、华侨史专家张国维教授说："能否成为世界文化遗产，主要并不是看存世时间的长短，关键看价值。把西方的建筑艺术引入东方，建在东方的洋房洋楼为数众多。但开平碉楼与当地的自然要素、传统民居和谐地融为一体，形成极为独特的景观，这在全世界独一无二。"

　　开平碉楼是我们近代史上少见的主动接受外来文化的历史文化景观。19世纪末20世纪初，正是中国传统社会向近代社会过渡的阶段，外来文化对传统文化的冲击方式多种多样。国内一些沿海沿江大城市如上海、青岛

·碉楼上的铁门铁窗今天仍然坚固

的西式建筑，主要是被动接受的舶来品，是以外国人为主体而设计建造的。

而开平出现的碉楼群，则是以中国乡村民众为主体，主动学习西方建筑艺术，并与中国传统建筑风格巧妙融合的产物，这既体现了开平人面对外来文化的包容态度，也充分表现了一种民族自信心，他们就像海绵一样，努力吸收一切美的东西，不管它是西方的还是本土的。

这些海外归来的金山伯，用海外的所见所闻和固有的审美情趣相结合，充分发挥想象力和创造力，最后成就了碉楼这一独特的民间建筑艺术。他们走过的地方不同,看到的建筑风格不同,呈现在碉楼上的,便是千姿百态的艺术风格。

开平碉楼这一特殊的文化景观,就是被千百金山伯和他们的家人以及为他们建楼的工匠在自觉与不自觉中创造出来的,充分反映了历史与文化的各种面目,尤其具有研究价值。

从建筑艺术史来看,我们也不能简单地说开平碉楼是中西合璧,更贴切的一个说法是"外国建筑艺术大规模移植中国乡村的集中展

示和杰出代表"。在现存的1833座碉楼中，汇集了各国不同时期、不同风格和流派的多种建筑艺术。

古希腊的柱廊，古罗马的柱式、券拱和穹隆，欧洲中世纪的哥特式尖顶，伊斯兰风格券拱，还有欧洲城堡的元素、葡式建筑中的骑楼、文艺复兴时期和 17 世纪欧洲巴洛克风格的建筑……全都可以在开平碉楼中找到痕迹。不同风格流派、不同宗教的建筑元素在这片宽容的土地上完美融合，和谐共处，形成了一种新的综合性很强的建筑类型，表现出特有的艺术魅力。像这样多种风格、多种类型的外国建筑艺术根植在中国乡村并完好地保存下来，开平碉楼是一个非常特殊的载体，十分珍贵，它成为中国乡土建筑中一道独特的景观，可以说是唯一的，这种唯一性正是它的价值之所在。

研究中国华侨史，开平碉楼是

· 楼门口的对联"物华天宝，人杰地灵"

绕不过去的重要研究对象。挣到钱的金山伯衣锦还乡，建一座碉楼既是为了更好地安顿家人，也是为了光宗耀祖，所以才要把碉楼造得那么漂亮，几里外都能看见。深挖他们的这种心态，其实便是挖掘备受欺凌的旧中国侨民走向世界后的复杂心态，是研究华侨史的一个重要切入点。

华侨是文化的传播者，他们把中国文化传播到海外，又把海外文化引进到中国，必然会引起中外多种文化的交融和碰撞，这种交融和碰撞所带来的文化冲突势必广泛触及传统社会的方方面面和各个阶层，这正是世

· 塘口广森楼，一栋年代比较近的居楼

界移民文化的共同规律。这种文化的冲突和交融，在开平表现得极为外在化。

在中国，我们很少在乡村看到中西建筑文化融合的建筑，顶多就是一座两座外国传教士修建的教堂，而在开平，哪怕是最偏僻的乡村也有最西化的碉楼，走进碉楼，甚至走进其他的老式民居，中西文化交融的痕迹处处可见，这说明在开平侨乡华侨文化之普及、之深入民心。

研究建筑史，开平碉楼也有十分重要的

价值。开平碉楼是我国广泛引入世界先进建筑技术的先锋，20世纪初，当中国城镇建筑已经开始大量采用国外的建筑材料和建筑技术，而中国乡村还在使用传统的青砖黑瓦作为主要建筑材料，开平乡村的碉楼却开始大量使用从海外进口的水泥（当时称为"红毛泥"）、木材、钢筋、玻璃等材料，钢筋混凝土的结构改变了砖瓦建筑技法，这既让小楼更加结实，更好地防洪防涝，更好地防盗防匪，同时又为更多的形式变化创造了物质条件。

今天的开平，既是华侨之乡，又是建筑之乡，早在20世纪早期就有大批人在境内外从事建筑业，发展到现在已经拥有五十多家建筑公司，八万多建筑从业者，不能不说碉楼的建造起到了至关重要的作用。开平的华侨和工匠较早地掌握了西方的建筑材料和建筑艺术，他们是西方先进建筑材料和技术的引进者。正因为有了他们，才使开平碉楼为

丰富中国乡土建筑的内涵作出了突出贡献。

开平碉楼还反映了岭南人民的传统环境意识和风水观念，是规划、建筑与自然环境、人文理念的完美结合，碉楼这种特殊的小楼，主要分布在村后，与四周的竹林、村前的水塘、村口的榕树，形成了根深叶茂、平安聚财、文化昌盛的和谐环境。点式的碉楼与成片的民居相结合，在平原地区宛如全村的靠山，满足了村民需要安全保护的心理。从民居到碉楼由低到高的过渡，表达了村民"步步高升"的愿望。开平碉楼是侨乡民众构建和谐的生存环境的重要手段。

无论作为"华侨之乡"还是"建筑之乡"，碉楼都是开平一张醒目的名片。

There are many Diaolou Towers at Kaiping, in various architectural styles each showcasing its attraction. So we may only have time to tour some of them from one village to another, scattered in different towns.

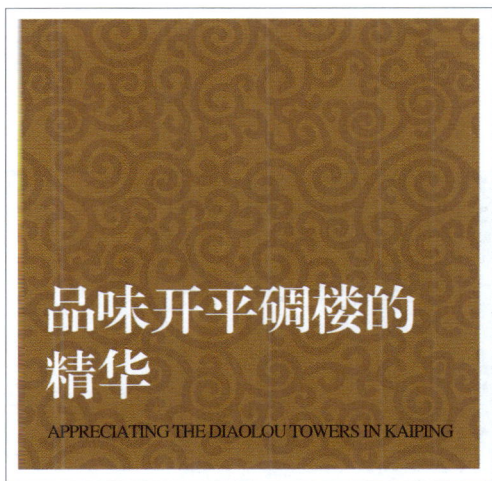

品味开平碉楼的精华

APPRECIATING THE DIAOLOU TOWERS IN KAIPING

开平的碉楼实在是太多了，各有各的特色，各有各的美态，我们只能循着几处最美的村落，一个镇一个镇地看过去。

　　开平现存碉楼1833座，其中塘口镇536座，是最多的一个镇，其次是百合镇385座，赤坎镇200座，蚬冈镇155座，长沙镇145座，赤水镇97座，六个镇占了全部碉楼的绝大部分。

　　开平碉楼在申报世界文化遗产时，并非

整体申报，而是选择了赤坎镇的三门里村落、塘口镇的自力村村落与方氏灯楼、蚬冈镇的锦江里村落和百合镇的马降龙村落四处为提名地。这四处村落集中体现了开平碉楼的典型特征，又各具特色。

不过，开平的碉楼实在是太多了，各有各的特色，各有各的美态，限于篇幅，我们只能循着这四处最美的村落，一个镇一个镇地看过来。

如果沿开阳高速自驾车到开平看碉楼，首推塘口镇。从塘口出口下高速，很快就会发现置身碉楼丛林中。这里是摄影爱好者的天堂，四面八方都是碉楼，刚刚把相机对准一座碉楼，你会发现镜头里居然又出现了连成一片的楼群。而在公路边顺手拍下的一栋小楼，回去上网一查，说不定就是一栋大名鼎鼎的碉楼，里面还有一个跨越百年历史的悠长故事……

自力村碉楼群

　　自力村是塘口镇最美的村落，距开平市区25公里，区域面积252公顷，由安和里（又叫犁头咀）、合安里（又叫新村）和永安里（又叫黄泥岭）三个自然村组成，村名取"自食其力"之意。

　　"里"在开平话中就是村庄的意思，通常"里"是较小的自然村，而"村"则是几个自然村组成的村落。

　　1837 年犁头咀首先立村。这里民居格局与周围自然环境协调一致，村落零星布局，刚立村时，只有两家方姓农民，两间民居，周围全是农田，后来迁来这里的人越来越多，又陆续兴建了一些民居。鸦片战争后，这里的村民开始背井离乡到国外谋生。自力

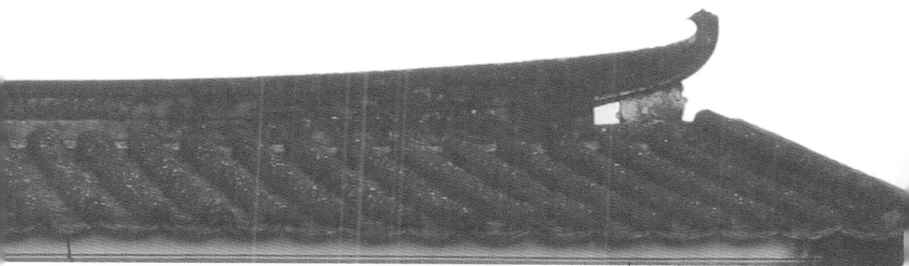

村现有农户63户、179人，海外侨胞248人，以方姓为主。侨胞主要分布在美国、加拿大和东南亚的新加坡、马来西亚、印度尼西亚等国家。

自力村村落最引人注目的就是散落在村后田间的碉楼群和西式别墅群，它们分别是龙胜楼、云幻楼、竹林楼、振安楼、铭石楼、安庐、逸农楼、球安居庐、居安庐九座碉楼和养闲别墅、耀光别墅、叶生居庐、官生居庐、澜生居庐、湛庐六座别墅（当地将带有院落的西式别墅叫做"庐"）。其中建于1917年的龙胜楼是这里最早建成的碉楼，1948年建成的湛庐则是最晚建成的。

自力村非常美，现在建成的一些民居也模仿碉楼的形式，雕廊画柱，保持一贯风格。低矮的民居与碉楼的高耸尖顶互相呼

应，小河潺潺，竹影婆娑，树叶沙沙，凉风吹过，让人有一种很想在这里安家的冲动。

自力村碉楼群于2001年6月被国务院公布为全国重点文物保护单位。

2005年7月被评为"广东最美的地方、最美的民居"。同年11月被评为"全国历史文化名村"。

2006年4月荣获"中国最值得外国人去的50个地方"金奖。

2007年6月28日被第三十一届世界遗产大会列入《世界遗产名录》。

· 东兴里的村口牌坊

自力村的碉楼和别墅，各有各的美态，各自都有一段千回百转的传奇。

叶生居庐、澜生居庐和官生居庐分别由方广宽、方广容、方广寅三兄弟所建。叶生居庐的始建人方广宽，据说在建楼时将不少金子埋藏于夹墙中，以至于后来墙体曾被雷劈了两次，都是因为金子引雷。据说方广宽在抗战期间回香港取钱，途经新会时被匪首陈雨浓所掳，受惊吓而死，被埋在当地的一棵榕树下；而现在的大榕树，都是村人乘凉聊天的地方，如果方生真的埋在某棵大榕树下，想必永远不会寂寞吧？

　　现在，三座居庐的后人都在美国，三座碉楼已有六十余年没有人住。2006年8月因为申遗需要被打开时，润生居庐里的家具摆设原封未动，只有厚厚的尘埃昭示着时间的痕迹。在这三座居庐里面还发现了盖碉楼的施

·碉楼里的银制餐具，已蒙上一层岁月的灰暗

工许可证、用于抗日的枪支借条等资料，对于研究碉楼是极其宝贵的历史资料。

现在叶生居庐环绕在一片荷塘之中，如置身仙境。拍摄时如果拍下水中倒影，更是美不胜收。

云幻楼　该楼建在村后的一片开阔地上，视野非常开阔，登上楼顶可以看见后面的居安楼和安庐。整栋小楼被翠竹和芭蕉层层包围，十分幽静。

云幻楼的主人叫方文娴，别号"云幻"。他在出洋前是私塾老师，算是当地有名的"文化人"。云幻楼第五层门口有一副长长的对联："云龙凤虎际会常怀怎奈壮志莫酬只赢得湖海生涯空山岁月　幻影坛花身世如梦何妨豪情自放无负此阳春烟景大块文章"，横批是"只谈风月"，长达50字，是开平碉楼上最长的对联，是由方文娴自撰、自书的，表达了他的爱国情怀和报国无门的苦闷心情，很有文采，可见这"著名文化人"

也不是浪得虚名。

云幻楼高五层，外部造型和内部装饰都有明显的西式特征，高挑的檐角、生动的浮雕、环行回廊、高大石柱、圆拱小门，十分美观。而小楼内部却是地道的中国风格，里面完整保存着方家使用过的生活用品，墙上还有妻子关氏的照片，清瘦倔强的面容让人一下子回到百年前。她是一位小脚女人，在他家建起碉楼前，每次躲土匪她都跑不动，方文娴在家时就背着她跑，她的最大愿望就是拥有一座自家的碉楼，不必每次有匪警时都担惊受怕地跑那么远。当方文娴挣到足够的钱时，第一件事就是为她建了这座漂亮的碉楼。

抗战期间云幻楼曾是村民的避难所，据说有一次鬼子进村，村民都入楼避难，因为楼身十分坚固，日军动

· 一栋碉楼的铭牌

·东安里南安里牌坊

用各种武器都没有办法攻破大门，只撞落一
个门栓，空手而回。传说不知真假，但碉楼
一门当关、万夫莫开的坚固程度却是真的。

铭石楼 铭石楼是自力村最美丽的碉
楼，它建于1925年，楼高七层。楼主方润文早
年在美国谋生，开过餐馆，致富后花巨资建
了这座碉楼。它外形壮观，内部陈设豪华，
是自力村最漂亮的一座碉楼。

铭石楼里基本保持着原样，许多家具都
是当年的主人千里迢迢从美国带回来的，还

有德国的落地钟、意大利的彩色玻璃和留声
机、法国的纯银茶具和香水、美国座钟、日
本粉彩描金瓷制首饰盒……在方润文儿子方
广仲的房间里，甚至还有一叠名片，上面印
着"方广仲 香港干诺道西十二号三楼兴华 电
话二七九七二"，真让人有种时空倒转的幻
觉，会忍不住想，这个电话今天还能拨得通

·显然不是纯装饰的壁炉

吗？在中式雕花大床前，甚至有几双色彩黯淡的绣花鞋，似乎在执著地等待着主人；三楼客厅里的留声机据说放上唱片还能发出声音，半个多世纪过去了，绣花鞋和留声机若有知，不知方家后人在异乡过得可好？

　　方润文先后娶了三位太太：吴氏、梁氏和杨氏。如今，首层大厅悬挂着方润文和他

三位太太的照片。照片中的方润文戴着眼镜，西装领带，十分斯文；右边是他的元配吴氏，然后是二夫人梁氏，方润文的左边是小夫人杨氏，卷发，连衣裙，非常时髦，可以想象当年有着两房夫人的方润文是如何被这个年轻漂亮的女孩所迷惑，非娶她做三姨太不可。

·广森楼里一个古旧的马灯

·广森楼里的一个神龛

　　比起那些大门深锁、破旧不堪，或者是在"文革"中被激情的革命小将破四旧砸得面目全非的碉楼，铭石楼可谓幸运。碉楼如人，各有各的命运，不由人力所掌控。

　　逸农庐　建于1930年的逸农庐，楼主方文田于清末民初远赴加拿大谋生，20世纪20年代末回乡，并在合安里买下田产，兴建逸农庐，这个楼名寄托了方文田对自己晚年生活

· 碉楼中古旧的
家具

的愿望——过一种以农耕为乐、安逸平静的
乡间生活。可惜时局动荡，在当时那个风雨
飘摇的国度，有钱也买不来平安，这样的简
单理想最后也成了奢望。

方文田与妻子谢翠娣生了广慈、广民、
广鳌三个儿子和长女如桂。广慈和广民年轻
时即赴加拿大谋生，弟弟广鳌则先下南洋后
辗转广州和香港工作，留家眷在逸农庐陪伴
双亲。这个家谱像极了华人作家张翎小说
《金山》里的方得法家族，二者之间应该有
着千丝万缕的联系。不同的是，方得法后人

寥寥，而方文田后人满堂。

　　逸农庐最值得一看的是"逸农庐的传人"展览，具有极高的社会人文价值。展览分为四个部分，分布于逸农庐的四层楼房。一楼放映家族后代的录象和家谱展示；二楼展示方文田的家庭照片及治家格言；三楼展示儿孙辈的生活情况及和衣物等生活物品；四楼展示曾孙辈和玄孙辈的生活情况及作

品。

　　这个展览由开平市政府与方家后代共同筹备，逸农庐后人、旅居加拿大的方秀儒用半年时间发动整个家庭成员搜集整理物品和资料，还多次到楼里确认原来的物件和摆放位置，展品基本上为原件，摆放位置亦与当年情况一致，是原汁原味的碉楼生活情景重现，同时也是一部20世纪世界华侨生存史。展览揭幕时，方家后人分别从加拿大、美国和开平、香港、江门、广州等地齐聚一堂，场面令人唏嘘。

　　有人气的历史文化遗产才是活着的遗产，逸农庐的展览，对于提升开平碉楼的文化内涵和深度起到了重要作用。

　　方氏灯楼　灯楼坐落在自力村南1.5公里的山坡上，距离开平市区11公里，是古宅乡附近的方氏家族村落于1920年集资建成的，目的是为了瞭望放哨，防匪防盗。

　　在公路上看到写着"自力村村落、方氏灯楼"的牌子，赶紧停车左转，首先映入眼帘的是一座精巧如灯塔的碉楼，在绿树蓝天的衬托下美如小人国。及至转了一大圈出

来，回头一看才发现，原来那首先跳进人们视线的就是著名的"方氏灯楼"，果真方圆几里的标志性建筑，也难怪当年可以护卫好几个村落的百姓。

灯楼最开始名叫"古溪楼"，以方氏家族聚居的古宅地名和流经楼旁的小溪命名。因为是方家集资而建，顶楼又有大型探照灯，后来便被人们称作"方氏灯楼"。灯楼坐西南朝东北，混凝土结构，共五层，高近19米，占地面积20.25平方米。灯楼是方体圆顶结构，主要是用来放哨兼作炮楼，因此特别突出防御功能，下面窗户很小，封闭坚实，是值班人员的食宿之处。第四层12个廊柱使方正的楼体过渡到上部，上部具有浓郁的拜占庭风格，有拱券立柱式的敞廊和穹隆式顶部，整座碉楼挺拔秀丽，真像一座照亮方圆数里的灯塔。

当年楼里有值班预警用的发电机、探照灯，还有一些枪支武器，是最典型的更楼。

那时附近有出名的土匪窝，土匪烧杀抢掠，无恶不作，古宅乡的方氏各家便选择了现在这座地势较高的山坡建造更楼。碉楼建成后，楼里有十多名联防队员长期驻守。据考证，他们当时已经有相当先进的武器，顶上装的探照灯十分耀眼，附近的小鸡都会被照得晕倒，几里外水口镇的人都可以就着探照灯的光看书。如果有土匪来袭，守卫队员就打开探照灯照射土匪让他们毫无遁形之处，然后打锣鸣枪通知邻近的村民。

传说有一次，刚下过倾盆大雨，天色已晚，负责巡逻的联防队员循例在灯楼值班，发现北边山下有几个奇怪的陌生人。马上打开探照灯，这下子看得清楚，那些人头戴斗笠，肩挑沉甸甸的担子，神色可疑，不像是普通的路人。他们马上拿着武器上去盘问，那些人慌了，急忙把挑着的担子翻过来，稻草下面竟然全是枪支。而这帮人，正是准备到塘口一户金山客家打劫的，他们因为顾忌方氏灯楼，作了全副伪装，哪知道还是栽在探照灯下。从此，方氏灯楼盛名远播，土匪们更不敢轻举妄动了。

有了这样神奇的故事，方氏灯楼在塘口人眼中就成了一座神圣的指路明灯。而今天，几里外仍然能看到它的身影，古老的碉楼仍在散发它的无尽魅力。

故事最多数立园

　　现在的立园，是一个美丽的公园，风景怡人，古意盎然，它是国家4A级旅游区，全国重点文物保护单位。而在75年前，它是旅美富商谢维立先生呕心沥血建成的家园，并以自己名字的最后一个字命名。立园于1926年动工，花了整整十年时间才于1936年完工。可惜仅仅时隔一年，日军入侵，抗日战争爆发，谢家移居美国，这个园子就再也没人住过，真是让人唏嘘不已。

　　日本侵华期间，立园曾遭到日军大规模

破坏，30毫米粗的铁窗柱都被撞坏，里面的财物也被洗劫一空。新中国成立后，县政府多次拨款修缮立园，寻回文物。1999年，谢维立的三夫人谢余瑶琼女士在美国书面委托开平市政府无偿代管50年。从那时起开平市政府就投入巨资对立园进行全面维护，并于2000年对外开放。

立园集传统园林、岭南水乡和西方建筑风格于一体，园中花园套花园，大楼小楼相映成趣，中间以人工河、围墙和花廊分隔，又用桥亭和回廊连成一体，浑然天成，是岭南园林中不可多得的佳作。园内有泮文楼、

· 远眺锦江里碉楼群

联登楼

泮立楼、毓培别墅等，中西合璧，气势宏
大，室内装修精美，摆设豪华。

而谢维立的四位太太，也是每位都有一
段故事。

谢维立的原配夫人司徒氏是美籍华人，
是他在美国大学读商业管理时的同学，也就
是一段校园恋。相似的背景、共同的志趣是
他们感情的基础，婚后他们情投意合，可惜
天意弄人，司徒氏患上严重的神经性疾病，
谢维立带着她遍访名医，都没能把她治好。
谢维立在长达数年的时间里都十分苦闷，当
然，这苦闷并没有影响他们生儿育女，司徒
氏一生为他生了六男三女，直到1960年才去
世。

旧时代的有钱男人不用任何理由就可以
三妻四妾，妻子的病更是绝好的理由。遇到
美若天仙的女子谭玉英，谢维立的苦闷就此
终结。

传说有一天，谢维立从赤坎集市回家，

突然下起大雨,他没带雨伞,十分狼狈,一位年轻美丽的姑娘好心用伞给他挡雨,这一偶遇让谢维立朝思暮想不能自已,辗转托人去探查女子的身世。这位女子就是18岁的谭玉英,她不仅花容月貌,而且出身书香门第,是方圆十里出了名的才女,谢维立马上请媒人上门提亲,成就了一段门当户对的好姻缘。谭玉英嫁过来后,两人柔情蜜意,花前月下,可惜儿女情长却挡不住男子汉大丈夫事业的脚步,虽然谭玉英怀孕了,谢维立却不得不出发到国外打理生意。谢维立书信频密,不断寄上贴心礼物,可是就在他准备启

程回国看望即将生产的妻子时，却传来了她难产去世的噩耗。这真是晴天霹雳，他回家后变得意志消沉，郁郁寡欢，深深的自责使他无法自拔，经常把自己关在房间里借酒消愁。

一天夜里，他又独自在家中喝闷酒，想玉英想得泪流满面，突然听到窗外传来柔美

· 锦江里碉楼群

的月琴声，正是玉英喜欢弹奏的《郎归晚》，他冲出门去，循声来到晚香亭，依稀见到一位白衣女子正在拨弄月琴。

白衣女子当然不是谭玉英，而是管家老余的侄女余瑶琼，当玉英在世时她就跟着玉英学月琴，玉英去世后，看着一蹶不振的谢维立，对他早已动心的余瑶琼便用这种方式来安慰他。接下来，谢维立爱上余瑶琼，两人终结连理也就是顺理成章的事了。可惜婚后三天，丈夫就离开她，

去打理外面的生意。好在她治家有方，把庞大的谢家打理得井井有条，等待着丈夫一年一度的归来。

后来的故事就俗了，谢维立只身在香港做生意，又认识了个性活泼开朗、十分西化的女孩关英华，话说关英华因为听说他在赤坎有个《红楼梦》里大观园一般的园子，恳求他带她回去看一看，这才被余瑶琼看中，劝说谢维立娶了她做四太太。

旧时女人的心思我们是无法揣度的，就像《浮生六记》里的芸娘劝沈三白娶憨园为妾不成，竟然还一病不起，如此诚恳要丈夫纳妾的，原来不单有芸娘，还有谢维立的三太太。事情也另有一说，关英华根本就是戴着谢家祖传镯子出现在余瑶琼面前的，同样的镯子世上只有两只，另一只，戴在余瑶琼手上。到底是识时务者为俊杰，还是胳膊想要拧过大腿？这位能以一曲月琴曲谋取自己下半生幸福的聪慧女子自然不会选错。

　　这位"不妒"的三太太十分高寿，立园便是1999年由她签字托政府代管，2003年在美国去世，享年87岁。而受西化教育的女子关英华则一直留在开平，日军侵华后家道中落，迫于生活而改嫁，于1951年去世。

　　人生无常，四位女子的命运便可以写就一部旧中国的社会史、婚姻史。

　　立园共有六栋别墅，其中乐天楼是一座保险箱似的碉楼，而另外最引人注目的两座便是泮立楼和泮文楼，是主人谢维立和他的胞兄谢维文居住的地方。

这两栋楼设计柜仿，楼顶采用中国古代"重檐"式设计，巧妙地架空绿色琉璃瓦，形成既美观又隔热的架空层，适合岭南的炎热夏天。室内地面和楼梯铺彩色意大利石，楼梯扶手上闪闪发亮的白色碎片原来是贝壳，晚上可以反射月光，如夜明珠一样美丽。七十多年过去了，仍然色彩鲜艳。楼梯间里装饰着中国古代题材的大型壁画、浮雕和涂金木雕，有"刘备三顾草庐"、"六国大封相"等等题材，工艺精巧，艺术价值极高。

整个房屋的陈设十分现代，鲜艳的彩色地砖，精美的天花板上有浮雕、有水晶灯饰垂下，墙上有西式壁炉，窗户上还装了防蚊纱窗。洗手间里的设备和今天我们所用的相差无几，金属龙头、抽水马桶、浴缸水箱一应俱全，真不敢相信这是在偏远的开平乡间所见。

立园原先的正门有牌坊，隔着人工河遥

对一座名为"虎山"的小山，据说虎山镇住了谢家的财气，风水先生便建议设立"打虎鞭"，原先有两条，一左一右，不过现在只剩一条了，是铁制的，直径30厘米，高20米，上面有铁制镂空的"维立"二字，大约是象征主人谢维立便是打虎人。

花园里有两个别致的镂空小建筑，一是用来养鸟的"鸟巢"，另一是形如巨型鸟笼，实际是用来养花养鱼的"大花笼"，还有个名字比较像是当年的，叫"花藤亭"。这个特殊的花笼，据说是谢维立为了取悦喜欢养花的二太太谭玉英而建的。

在花园的西南角，有一座小巧玲珑的塔式建筑，名叫毓培别墅。二太太谭玉英难产

去世后，谢维立对她念念不忘，特地修建了这座精巧如女孩首饰盒旳小楼，还用自己的乳名"毓培"来命名。

　　毓培别墅精美绝伦，设计非常巧妙。最巧的是它依山形地势而建，从外面的某个角度看去像是两层半，换个角度看是三层半，而进入其中才知道原来是四层半，堪称一绝。四层分别包含了囗国、日本、意大利和罗马风格，地面用彩色地砖精心铺就，每层都有一个大大的红心，也许是象征着谢维立对逝去的二太太真心永不变吧。也只有去世的太太才能享受到先生永远不变的真心，如果就这么活下来、老去，还不是要眼睁睁看着他娶三太太、四太太？

・夕阳中的碉楼群

三门里村落

三门里位于赤坎镇，距开平市区12公里，有民居186间，都是坐西北进东南，整齐的民居和巷道与村前的池塘、村口的大榕树，构成了典型的乡村风景。

在三门里，关姓是第一大姓，相传三门里是关氏第十四世祖关芦庵于明朝正统年间（1436—1449）从赤坎镇大梧村迁来兴建的。据资料记载，建村时这里是一片河滩地，数

·夕阳西下，风情街上仍然繁华

百年的建设已经使它变得平坦整齐，这里前
水后山、面朝东南，实在是一块风水宝地。

三门里村的得名是因为原来村里有三个
防洪的闸门，一说村前有两个，村后有一
个；一说三个都在村前。因为闸门早已不存
在，不知哪种说法正确，但这个村名显示古
时村边有河流经过。

广东人以水为财，认为水流经过处是
"生气"聚集之地，三门里村的开山祖先关
芦庵在选址和布局时，根据这里的地形总体
设计，将"水口"（水流出的方向）设在村
前东南方，让来自西北"天门"的水从东南

方"地户"流出，并设置闸门，既可防洪涝灾害，又能关锁"水口"，这种布局有着旺丁旺财的吉祥寓意，真是一位天才的建筑设计师和堪舆大师。

三门里至今仍然保持着古老的村落景观，又有开平现存最古老的碉楼——迎龙楼，成为开平碉楼与村落四个申遗点之一也就不奇怪了。

迎龙楼建成于1522—1566年，距今已有四百多年。相传它是由关氏十七世祖关圣徒夫妇出资兴建的，起因是一次不愉快的赌气事件。

当时朝政腐败，盗贼猖狂，洪水频发，为了保护乡亲的生命财产安全，关芦庵的四儿子关子玕在村头兴建了一座三层高的碉楼，叫"瑞云楼"。以后如有匪情或洪灾，村民都躲进楼里暂避。后来人口越来越多，

瑞云楼越来越装不下了，关子瑞的嫡系亲属就对其他前来避难的乡亲态度稍差，有一次对关芦庵的曾孙关圣徒夫妇也假以辞色。关圣徒夫人，也就是俗称"圣徒祖婆"的，非常不高兴，回家后就拿出所有的陪嫁首饰，和夫君一起建了一座新的碉楼，取名"迓龙楼"，"迓"就是"迎"的意思，后来人们就干脆称呼它为迎龙楼了。

当时圣徒祖婆陪嫁带过来的一对石狗也成了全村的吉祥物，三门里至今每年九月十五还过"石狗节"，来源就是圣徒祖婆的这对石狗，村里人视这对石狗为圣物，据说摸摸它就能保平安。传说有一年，一群土匪偷偷进村抢劫，石狗发现后便"汪汪"大叫起来，特别是公狗，叫得最厉害，土匪十分恼怒，把它斩成两段扔到河里，狗叫声召唤村民前来迎敌，敌人被打跑了，一对石狗却只剩下了一只。为了纪念石狗的恩德，三门里村民便将迎贼的九月十五日定为"石狗节"，各家各户买三牲祭拜石狗，现在，仅存的那只石狗仍然蹲在村口，一年四季香火不断。

迎龙楼和先前的瑞龙楼一起，一次又一次地保护了众乡亲。1884年和1908年，开平遭遇了两次大水灾，洪水淹过屋顶，但因为有瑞云楼和迎龙楼的庇护，村里的乡亲都平安无事。两栋楼还无数次抗击山贼土匪的袭击，村民对它们感情深厚，不断花钱出力对

·毓培别墅里豪华的雕花大床

它们进行维修，四百多年都完好地保存下来。可惜1926年因为兴修水利，瑞云楼被拆了，只剩下迎龙楼孤独地矗立着。

建于四百多年前的迎龙楼没有丝毫的西洋色彩，是一座典型的中式传统碉楼。楼高三层，高约10米，占地面积152平方米，碉楼四角突出，每层四角均有枪眼。底层正面开有一个圆顶门，门的两边各开一个四方形的小窗，二、三层正面各开三个四方形小窗，楼顶为中国传统建筑硬山顶式。第三层上方写着楼名"迎龙楼"。

迎龙楼每层都分为中厅和东西耳房。

· 毓培别墅一角的铜制洗脸盆

墙厚93厘米，全用长33厘米、宽15厘米、厚8厘
米的特制大号红砖砌成，难怪扛得住洪水，挡
得住枪炮。1919年，村民用青砖和水泥加固了
墙体，换掉楼顶的梁柱，翻新楼顶的瓦面，并
把木门窗改为铁门窗，修葺一新的迎龙楼更坚
固了。楼内墙上有一首江南诗，据说是一位叫
关荣志的军长写的，诗是顶针格："江南一枝
梅花发，一枝梅花发石岩，石岩流水响潺潺，
潺潺滴滴云烟起，滴滴云烟在江南。"很有意
境，是位有文才的军长。

马降龙碉楼群

　　马降龙位于百合镇，距开平市区25公里，区域面积103公顷。由永安、南安、河东、庆临、龙江5个自然村组成，有民居176栋。全村现有村民105户，318人，海外侨胞800多人，主要分布在美国、加拿大、澳大利亚，80%的家庭仍与海外亲人保持着紧密的联系，而且到海外打工仍然是年轻人的主要生活方式，在他们看来，到美国打工和到广州打工都可以，只是看个人和家庭怎么选择罢了。

　　马降龙的格局分布，集中反映了中国古老的风水学说对古时建村造屋的影响。马降龙前有清澈的潭江水，后有蜿蜒的百足山，5个自然村像散落的珠子一样错落分布在青山绿水之间。13座碉楼在浓密的竹林间若隐若现，竹林掩映着造型别致的碉楼，有一种特别的情调。

　　这样的布局不仅感觉特别舒服，也符合

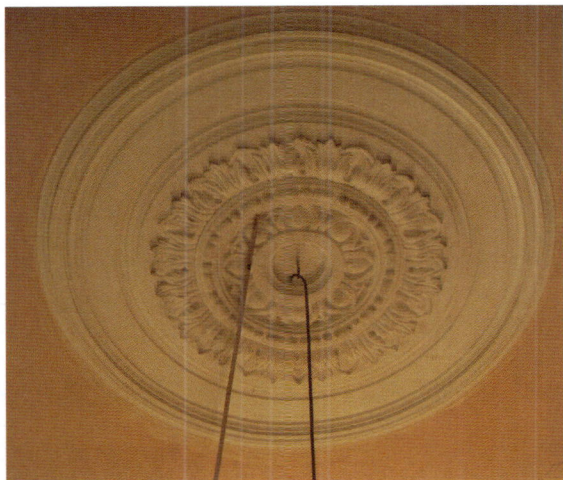

·古老碉楼里的
精美天花

风水学说的若干理论。永安村成村之初，曾
聘请"风水师"评估环境，结论是："愚观
此地，足峰巍峨兮枕后，赤汪洋兮湾前，左
右肩膀撑开兮局面堂堂，三山狮象关下兮管
钥森严。若立村庄，发福延绵。"果然，从
建村到现在依然人丁兴旺，发家致富者众。

庆临里　最能代表马降龙风水的当数庆
临里。

在风水学说中朝向第一重要，通常是
"重南向，东次之，西又次之，北为最

下"。庆临里坐东朝西，是很不错的选择。村前有个开阔的半圆形池塘，广东人向来都说"水为财"，临水建村最是吉利的，就算没有水，也会在村外开池塘，在村内挖井。池塘两侧的村口各有一个两层高的门闸，以前为了保障安全只在白天开启，夜晚关闭，由轮值人员守卫。

在村前，有宽大的晒场将池塘和民居隔开，村左是宗祠，村右是社渡坛和灯寮，旁有古老的大榕树，树影直径达数十米，是村人闲聚聊天休闲之处，完全就是一个"村民

· 立园中的大鸟笼，阳光从笼顶照下来

俱乐部"。庆临里的主体是40栋民居，集中分布在村中央，十分整齐，建筑之间前后间隔50厘米，纵向两列建筑之间有巷，称为里或火巷，是村内主要的交通道路，道旁有排水沟，下雨时雨水自然顺沟而下，各户生活用水也可以从排水沟排走，是古老而科学的排水系统。

最奇特的是全村的住宅宅基面顺坡而下，前低后高，后排建筑比前一间高两三块砖，这样全村屋顶前低后高，意即"步步高升"。全村民居式样统一，可见族人的凝聚力和集体意识有多强。

而由于住宅密排，各家各户没有院子，村里的家禽和家畜便集中在村旁喂养，各家自建圈栏，这样的做法在中国农村并不多见，但其实既节约耕地，又利于粪便管理，

有利居住环境卫生。

天禄楼　马降龙村落的碉楼十分美观，其中最有代表性的就是天禄楼。

天禄楼建于1925年，是碉楼中的众楼，也就是由众人集资建成，供大家避祸所用的楼。它由29户村民集资1.2万个银元建成，在20世纪20年代，一个银元折合约今天的人民币40元，这栋楼的造价大致相当于人民币48万元。

天禄楼共七层高21米，为钢筋混凝土结构，第六层是公共活动空间，供楼里过夜的人娱乐消遣用，第七层是瞭望亭，军械库和放哨的哨位都在这里。登楼环顾，四周景色尽收眼底。下面的一到五层共有29个房间，正好是29家集资户每家一间。各层的集资价是不同的，一层和五层每间房价为银元四百块；二层和四层每间五百银元，三层每间需要六百块银元。如果一时筹不到足够的

钱参与建房怎么办呢？五邑大学副教授、碉楼研究专家梅伟强说："个别有困难的，可以向人家预借，实在不行，还可以以劳力来代钱，比如有一户叫黄松长的，家里一下子筹不到那个钱数，他说我出劳力吧，我来用我的劳力，支付不足的部分，所以他只交了二百一十块钱。"

当年，距离天禄楼东面3公里处就是出了名的土匪窝。为了防止土匪绑架，每当人们吃过晚饭，各家男丁就陆续来到天禄楼过夜，而老人、妇女和女孩仍然住在家里，不仅是因为当地重男轻女，还因为土匪经常来抓男丁，青壮年男子只好每晚到天禄楼过夜，久而久之，这栋楼便被戏称作"男子汉公寓"。

据记载，1963年、1965年、1968年开平连续发生3次大水灾，洪水漫过民居屋顶，村民登楼得以避难。天禄楼像开平的许多碉楼一样，都于村民有恩。

·半合上的铁
窗。如果紧紧关上，
屋里采光会很差

锦江里碉楼群

　　锦江里距离开平市区35公里，区域面积61
公顷。66间青砖坡顶的民居分成10条巷整齐排
列。锦江里现有农户48户、147人，海外的华
侨人数还多于村内人口，主要分布在美国和
加拿大。被竹林簇拥的瑞石楼、升峰楼、锦
江楼3座碉楼并列成排，坐落在村后，守卫着
村落家园。

　　升峰楼　锦江里西侧的一座碉楼，建于
1919年。楼主人黄峰秀早年赴美学医，回国后

在广州法租界开业行医，黄峰秀因此请法国人设计该楼。取名"升峰"，寓意楼主人家庭幸福，步步高升。黄峰秀晚年落叶归根，在楼内终老。升峰楼共七层高22.34米，用地面积116.25平方米，建筑面积354.71平方米，为钢筋混凝土结构。其楼体涂抹了浪漫的"法国蓝"色彩，不过今天已经褪得只能看到浅淡痕迹了。整座楼造型精致秀丽，廊柱采用了古罗马混合式，角亭造型具有17世纪意大利建筑中的巴洛克风格，亭的四角为三柱一组的巨柱组合。升峰楼外墙和窗楣、窗裙的灰雕也十分讲究，装饰性极强。如果放在别处，升峰楼绝对是很吸引眼球的一座碉楼，可是它很不幸地坐落在号称"开平第一楼"瑞石楼旁边，它的风光，也就绝对敌不过瑞石楼了。

瑞石楼　开平最高的碉楼，也是最美的、保存最为完好的碉楼，号称"开平第一楼"。

·弃置一边的金山箱们

　　瑞石楼共九层高28.37米，占地92平方米，钢筋混凝土结构，于1923年兴建，工程历时三年，于1925年落成。瑞石楼的始建人黄璧秀，号瑞石，楼名由此而来。他和儿子黄畅兰、黄赐兰一起在香港经营药材铺和钱庄，是个成功的商人。当时土匪成灾，他的父母和妻子在这里居住，很不安全，他便投入三万多港币的巨资修建了这座瑞石楼。据说这个数字当时在香港可以买下一条街。

　　这栋楼是由黄璧秀的侄儿黄滋南设计的，黄滋南在香港谋生，爱好建筑艺术。建楼所用的钢筋、铁板、水泥、玻璃、木材等都是从香港进口。首层到五层楼体每层都有不同的线脚和柱饰，增加了建筑立面的效果。各层的窗裙、窗楣和窗花的造型和构图也各有不同，显得灵活多变。五层顶部的仿罗马拱券和四角别致的托柱有别于其他碉楼中常见的卷草托脚，循序渐进，向上自然过渡，很有美学上的祠堂效果。六层有列柱和拱券组成的柱廊。七层是平台，四角建有穹隆顶的角亭，南北两面可见到巴洛克风格的山花图案。八层平台中，有一座西式的塔亭。九层是带小凉亭的穹隆顶。楼里还配备了探照灯、铜钟和枪械，不仅保护黄家人的安全，也成了锦江里的保护神。

碉楼建成之后，黄璧秀请当时广东省有名的大书法家、广州六榕寺主持铁禅大师题写了"瑞石楼"三个大字。现在来到楼前，"瑞石楼"三个苍劲有力的大字首先映入眼帘。

如今的瑞石楼不像开平大多数碉楼那样空无一人，黄家后人至今仍在这里居住，一位老婆婆自我介绍是黄璧秀的第四代传人，现在她家的大多数亲戚都在国外。

It is indeed worthwhile to visit the Diaolou Towers in Kaiping and the most advisable way would be driving your own car along the rural road and stopping to view them.

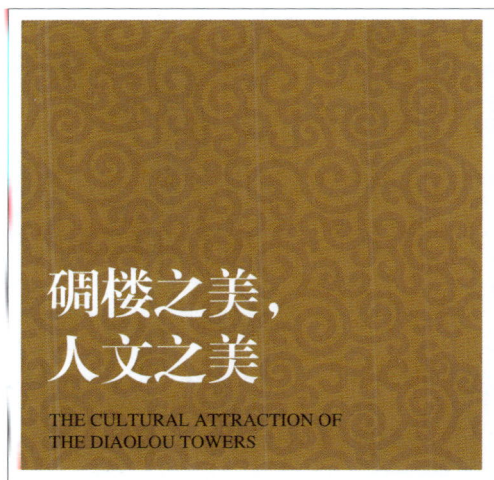

碉楼之美，
人文之美

THE CULTURAL ATTRACTION OF
THE DIAOLOU TOWERS

开平碉楼绝对值得一去再去。最好的游法，就是自己开着车，顺着乡间公路走走停停。

开平碉楼是个值得一去再去的地方，最好的游法，就是自己开着车，顺着乡间公路走走停停。

看到远处美丽的碉楼剪影，不妨停下来拍张照。

看到收取门票的地方，不妨买张看起来不便宜的门票进去细看，这都是列入"开平碉楼与村落"遗产申报点的名楼名园，是从现存的1833座碉楼里精选出来的，是最值得细看的，比起全国各地同等收费的新建五花八

门的"风情园"、"影视城"，它们绝对更加值回票价。

　　看到大门敞开的古老居庐，不妨过去敲敲门，说不定走出一位满脸沧桑的老者，在你一再的诚心相问之下，略带戒备而又不无自豪地带你参观，向你一一介绍这座老房子的前世今生。请不要责怪他们戒备的眼神，请不要嘲笑他们不肯拍照是封建迷信，在这座历经磨难的房子，曾经住着一群历经磨难的人，一波接一波的灾难不由分说降临在他

们身上。山贼土匪的时代好不容易过去了，紧接着又是战火连天，甚至在革命的年代，打土豪分田地，首当其冲就是这些在乡间惹眼的碉楼主人。漂亮的碉楼，很容易为他们增加了一个"地主"的注解，为了这个注解，他们付出的也许是生命的代价。更别提后来的破四旧，若不是碉楼造得太结实，恐怕一大半都会被革命小将砸个稀巴烂……这么多可怕的过去，像年轮一般一道一道刻进他深深的皱纹，他晚年的全部意义，也就在于守着这栋家庭的骄傲，迎接像你一样的不速之客。请尊重他们，无论是他向你索要五元十元，还是严词拒绝你的某项要求，都请像尊重碉楼一样尊重他们。

如果你是一个观光客，你肯定会在这里看到完全不同于别的好风光。

如果你是一个历史人文关注者，你会在这里得到比你预想中多得多的精神财富，一座碉楼就是一个家族的历史，碉楼的命运，就是人的命运，世界突飞猛进的一百年，碉楼站在这里默默见证。

如果你是一个摄影爱好者，恐怕你会忍不住在这里消耗更多的宝贵光阴，因为美丽的碉楼实在太多，各有各的美态，不分伯仲。更诱人的是，不同的时分，不同的光线，同一座碉楼也会呈现出各种神奇变化，由不得你不一再逗留。有些本地或周边城市的碉楼爱好者，一拍就是十几二十年，他们是开平碉楼真正的"骨灰级"粉丝。

去看看碉楼吧，抚摸着那古老的粗糙墙面，体会不一样的历史声音。

立園